Martin Wendel

Das Klima Norddeutschlands

GRIN Verlag

Bibliografische Information der Deutschen Nationalbibliothek:

Die Deutsche Bibliothek verzeichnet diese Publikation in der Deutschen National-
bibliografie; detaillierte bibliografische Daten sind im Internet über http://dnb.d-
nb.de/ abrufbar.

Impressum:

Copyright © 2007 GRIN Verlag GmbH
Druck und Bindung: Books on Demand GmbH, Norderstedt Germany
ISBN: 978-3-640-32084-4

Dieses Buch bei GRIN:

http://www.grin.com/de/e-book/126233/das-klima-norddeutschlands

Johannes Gutenberg-Universität Mainz

Geographisches Institut

Hauptseminar: Physische Geographie von Deutschland

Sommersemester 2007

Datum: 16.5.2007

Das Klima Norddeutschlands

Vorgelegt von:

Martin Wendel

Inhaltsverzeichnis

Abbildungsverzeichnis:

Tabellenverzeichnis:

1 Einführung in das Themengebiet

Diese Arbeit über das Klima von Norddeutschland beschäftigt sich insbesondere mit den klimatischen Unterschieden zwischen einzelnen Orten Norddeutschlands und der Darlegung der Gründe für diese Variationen. Norddeutschland wird hier gefasst, als das Gebiet der BRD nördlich der Mittelgebirgsschwelle, jedoch werden Harz und Erzgebirge mit einbezogen.

Im Näheren wird auf die Einordnung in die allgemeine Zirkulation, auf die Strömungsverhältnisse, auf den von West nach Ost leicht ansteigenden Kontinentalitätsgrad, den Niederschlagsreichtum des Küstenstreifens und der Klimawirksamkeit bereits geringer Erhebungen eingegangen, um ein detailliertes Bild des Klimas und der bestimmenden Faktoren zu geben.

2 Einordnung in die allgemeine Zirkulation

Deutschland liegt im Einflussbereich zweier planetarischer Luftdruckgürtel, der subpolaren Tiefdruckrinne im Norden und dem subtropisch-randtropischen Hochdruckgürtel im Süden und liegt daher im Bereich der außertropischen Westwindzone (vgl. HAVLIK 1990: 232). Aufgrund der topographischen Lage in der Nähe der Westküste des Kontinents, die nicht durch Gebirge zum Atlantik abgegrenzt ist, werden im Normalfall Luftmassen vom Atlantik nach Mitteleuropa und somit nach Deutschland geführt. Ihr Herkunftsgebiet ist nicht nur ganzjährig eisfrei, sondern wird zirkulationsbedingt durch den Golfstrom stark erwärmt. Das gilt insbesondere für die kalte Jahreszeit. Insgesamt herrscht in der Bundesrepublik Deutschland dadurch eine thermische Klimagunst vor, wie sie in einer Breitenlage von ± 50° nur selten anzutreffen ist (vgl. HAVLIK 1990: 233).

Breiten- und höhengleich zu Bremen, mit einer Durchschnittstemperatur von 9,2 °C, befindet sich in Kanada die Station Cartwright, wo eine Durchschnittstemperatur von -0,3 °C herrscht (vgl. www.klimadiagramme.de).

Außerordentliche Bedeutung für das Klima in Deutschland haben die sich vom Islandtief lösenden Zyklone, auf deren Vorderseite warme Tropikluft polwärts und auf deren Rückseite kalte Polarluft äquatorwärts strömt. Die Zentren dieser Wirbel ziehen in aller Regel über Skandinavien hinweg, jedoch wird Deutschland von den Ausläufern stark beeinflusst. Mit dem Durchzug der Tiefdruckwirbel ist der für die

Bundesrepublik typische Wetterwechsel verbunden. Er ist die Folge eines ständigen thermischen Ausgleichs zwischen den warmen Subtropen und den kalten Polargebieten (vgl. HAVLIK 1990: 232). Das Aufgleiten an zykloneninternen Fronten ist der niederschlagswirksamste Vorgang über Deutschland. Rund 3/4 der Niederschlagsmenge und 2/3 der Niederschlagsereignisse resultieren aus Zyklonen. Insgesamt ist das Klima Norddeutschlands eher einheitlich. Bis auf einige Gebiete der Mittelgebirgsschwelle trifft auf alle Bereiche die gleiche Klimaklassifikation zu. Die räumliche Variation resultiert aus der unterschiedlichen Distanz zum Atlantik und der bei näherer Betrachtung erstaunlichen Wirksamkeit des in Norddeutschland eher wenig beeindruckenden Reliefs und der teils unterschiedlichen thermischen Eigenschaften der Böden (vgl. HENDL 2002: 18).

Nach der Klimaformel von Köppen gehören weite Teile Norddeutschlands der Cfb Klimate an. C steht hier für die warmgemäßigte Klimate, deren kältester Monat zwischen +18 °C und -3 °C liegt, f drückt aus, dass es sich um ein immerfeuchtes Gebiet handelt und b steht für `warm`, kennzeichnend dafür ist, dass der wärmste Monat eine Durchschnittstemperatur von 22 °C nicht übersteigt. Einzelne Bereiche Deutschlands fallen auch unter die Dfc-Klimate, beispielsweise der Brocken im Harz. D steht für die boreale Klimate, in der Temperaturen im kältesten Monat unter -3 °C fallen und im wärmsten Monat über 10 °C erreicht werden. c steht hier für einen weniger als vier Monate andauernden Sommer mit Temperaturen über 10 °C (vgl. www.m-forkel.de).

Deutschland gehört folglich zur gemäßigten Klimazone, genauer zum Bereich des Übergangsklimas, das einen fließenden Übergang zwischen dem Seeklima der Westseiten und dem kühlen Kontinentalklima bildet. Im Übergangsklima nimmt nach Osten der Grad der Kontinentalität zu. Er äußert sich in einer Verstärkung des durchschnittlichen Jahresganges der Lufttemperatur und einer allmählichen Abnahme der durchschnittlichen Niederschlagssumme (vgl. HENDL 2002: 19). Die Vegetationszone ist der sommergrüne Laub- und Mischwald. Dieses Klima könnte man zwar ebenfalls noch in Nord- und Südamerika erwarten, aber dort wird es durch die Rocky Mountains bzw. die Anden ausgelöscht (vgl. www.m-forkel.de).

Das Strahlungsklima Deutschlands zeigt bezogen auf die gesamte Bundesrepublik nicht zu verachtende Unterschiede. Der nördlichste Punkt, List auf Sylt, weist erhebliche Unterschiede in den Tageslängen im Vergleich mit Oberstdorf auf. Zur

Wintersonnenwende (21.12.) ist der Tag in List lediglich 7h 10min lang, in Oberstdorf jedoch 8h 26min. Zur Sommersonnenwende zeigt sich ein umgekehrtes Bild. Am 21.6. liegen zwischen Sonnenauf- und Untergang in List 17h 22min in Oberstdorf aber nur 15h 58min. Dies ist begründet durch die Schiefe der Ekliptik und der geographischen Lage (vgl. HANEWINKEL 2003: Räumliche Auswirkungen). Die Unterschiede in den Tageslängen innerhalb Norddeutschlands sind dementsprechend geringer.

3 Die Strömungsverhältnisse über Norddeutschland

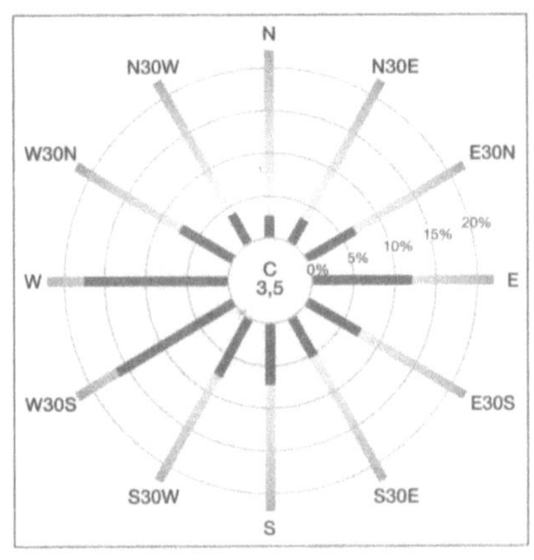

Abb. 1: Bodenwindrichtugen über Norddeutschland

Quelle: Hendl 2002: 20

Deutschland liegt im Statistischen Mittel ganzjährig im Einflussbereich der Westwindzone der höheren Mittelbreiten, in der Luftmassen verschiedener Herkunft in Zyklonen miteinander verwirbelt werden. Die Zyklone werden durch Zwischenhochs voneinander getrennt. Während Zyklone fremdbürtige oder allochthone Luftmassen nach Deutschland verfrachten, herrscht unter Einfluss von Antizyklonen eine eigenbürtige oder autochthone Witterung eines Ortes vor (vgl. Klein 2003b: Zirkulation und Windrichtung). Wie man aus eigener Erfahrung weiß, herrschen jedoch nicht immer Winde aus westlichen Richtungen. Die bodennahen Windverhältnisse zeigen zwar ein deutliches Maximum bei westlichen und südwestlichen Richtungen, jedoch findet sich ein zweiter starker Ausschlag bei Winden aus östlichen Richtungen (vgl. Abb. 1). "Winde aus östlichen Richtungen [...] treten aber bereits erheblich seltener auf und sind vorwiegend an Perioden mit kontinentalen Hochdruckgebieten über dem skandinavischen Raum oder Osteuropa gebunden" (Hendl 2002:21). (vgl. Abb. 2) Dieses Beispiel verdeutlicht, dass die Windrichtung von bestimmten Großwetterlagen verursacht wird. Bei verschiedenen Wetterlagen verteilen sich Temperatur und Niederschlag sehr unterschiedlich und in Einzelfall erheblich von den Mittelwerten abweichend. Andererseits ist bei ähnlichen Wetterlagen innerhalb einer Jahreszeit auch oft eine ähnliche Temperatur- und Niederschlagverteilung zu finden (vgl. Bissolli 2003: Einführung). Da Deutschland im westlichen Randbereich des eurasischen Kontinents gelegen ist, entsprechen Luftströmungen aus dem westlichen Richtungshalbkreis solchen ozeanischer Herkunft und jene aus dem östlichen kontinentaler Herkunft.

Abb. 2: Ost- und Westwetterlage

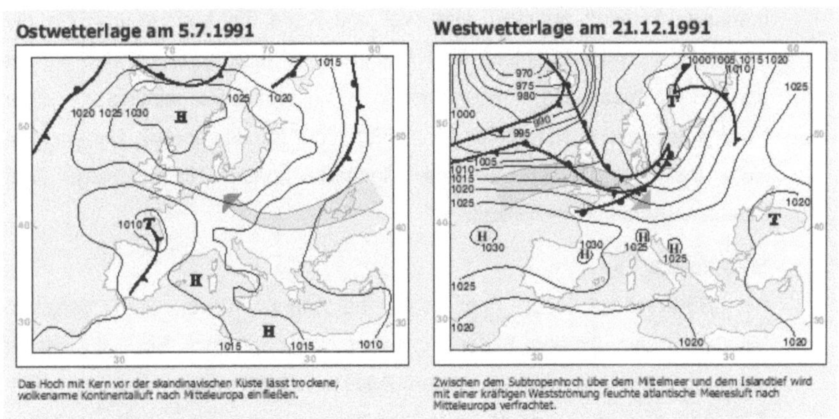

Quelle: KLEIN 2003b: Niederschlag im Jahresverlauf

Beim Einfließen nach Deutschland ziehen daher Luftströmungen westlicher Herkunft im Winter durchschnittlich höhere und im Sommer durchschnittlich niedrigere Temperaturen nach sich als die entsprechenden Strömungen östlicher Herkunft. Die ersten müssen generell durch einen höheren Wasserdampfgehalt gekennzeichnet werden. da die Verdunstung von der Meeresoberfläche wegen des günstigeren Strahlungshaushaltes und des unbegrenzten Wasserangebotes in allen Jahreszeiten größer ist als jenes einer breitengleichen Festlandoberfläche (vgl. HENDL 2002: 22). Berücksichtigt man, dass Luftströmungen aus westlichen Richtungen deutlich häufiger auftreten als solche aus östlichen Richtungen, dann wird man Deutschland einen überwiegend ozeanischen Klimacharakter zusprechen können (vgl. HENDL 2002: 22). Die große Varianz der Bodenwinde hängt mit dem häufigen Wechsel unterschiedlicher Großwettertypen zusammen. Man unterscheidet (nach Hess & Brechowsky) die folgenden Großwettertypen (vgl. Abb. 3) : Westtyp GWT-W, Südwesttyp GWT-SW, Nordwesttyp GWT-NW, Nordtyp GWT-N, Südtyp GWT-S, kontinentaler Osttyp GWT-E, Zentralhochdrucktyp GWT-HM und schließlich Zentraltieftyp GWT-TM" (HENDL 2002: 23f).

- Westlage:
  Zwischen den beiden Druckgebilden des Azorenhochs und des Islandtiefs wandern, mit der westlichen Höhenströmung, Tiefdruckgebiete in mehr oder weniger rascher Folge vom Atlantik nach Osten. An deren Warmfront wird maritime Tropikluft über Europa gebracht, die mit Durchzug der Kaltfront von maritimer Polarluft abgelöst wird (Vgl. mit Karte der Luftmassen). Da die Zentren der Zyklone zumeist über Skandinavien hinwegziehen, sind die mit der Frontenpassage verbundenen Witterungserscheinungen über Norddeutschland ausgeprägter als im Süden der Bundesrepublik. Daher ergibt sich über Norddeutschland eine allgemein höhere Niederschlags- und Bewölkungswahrscheinlichkeit.

- Südwestlage
  Bei Südwestlage liegt über dem nördlichen Afrika, dem östlichen Mittelmeerraum und dem Süden Russlands hoher Luftdruck. Ein Tief erstreckt sich vom Atlantik bis nach Norwegen. Zyklone wandern dann mit einer starken Südwestströmung von der Biskaya über Deutschland hinweg. Im Winter bringt diese Wetterlage mit der verfrachteten maritimen Tropikluft hohe Temperaturen nach Deutschland.

- Nordwestlage:
  Das Azorenhoch liegt bei Nordwestlage über dem Raum der Britischen Inseln und der Biskaya, Tiefdruck herrscht über dem Nordmeer und Skandinavien. Zyklone wandern von Island in süd-östlicher Richtung nach Westrussland. Im Winter führen sie über dem Atlantik erwärmte, im Sommer dagegen recht kühle Meeresluft heran. Die Niederschlagsneigung ist über Norddeutschland deutlich erhöht. Im Bereich der Mittelgebirgsschwelle kommt es zu Stauerscheinungen, die sich nach Osten hin verstärken. Da niederschlagsreiche Nordwestlagen häufig im Sommer auftreten, prägte Flohn 1954 den Begriff des "europäischen Sommermonsuns" der sich auf diese Wetterlage bezieht.

- Nordlage:
  Tiefdruck herrscht über Skandinavien und Osteuropa, während sich über der

Biskaya, den Britischen Inseln und Grönland Hochdruck ausbreitet. Bei dieser Druckkonstellation blockiert die Westwinddrift über Mitteleuropa, und kalte maritime Polarluft fließt nach Deutschland ein. Durch den Golfsstrom werden die unteren Luftschichten über dem Nordatlantik erwärmt, was zur Folge hat, dass besonders im Winter mit kräftigen Schauern aus hochreichenden Quellwolken gerechnet werden muss. Durch die Stauwirkung der Küste und der Mittelgebirgsschwelle zeigen sich dort erhöhte Niederschläge. Thermisch herrschen bei Nordlage ganzjährig zu kalte Temperaturen vor, so dass bei nächtlicher Aufklärung in den Beckenlagen bis in den Mai hinein mit Frost gerechnet werden muss.

- Südlage:
Der Ostatlantik von Portugal bis zum Subpolargebiet wird von Tiefdruck dominiert. Stabiler Hochdruck herrscht über Osteuropa. Zwischen diesen Druckgebilden fließt feuchte warme Mittelmeerluft nach Deutschland. Folge ist, dass sich im Sommer häufig Schwüle entwickelt und es nachts zu einer nur geringen Abkühlung kommt. Diese Lage verursacht ganzjährig zu hohe Temperaturen und eine geringe Niederschlagshäufigkeit.

- Kontinentaler Osttyp:

Bei Ostströmung liegt Tiefdruck über dem westlichen Mittelmeer und Hochdruck über Skandinavien und Island. Damit strömt trockene kontinentale Luft nach Deutschland und verursacht jahreszeitlich bedingt extreme thermische Verhältnisse. Im Sommer ist es erheblich zu warm, während im Winter nicht nur besonders tiefe, sondern verbreitet die tiefsten Temperaturen in Norddeutschland gemessen werden. Niederschlagshäufigkeit und Bewölkung über Norddeutschland sind deutlich zu gering.

- Zentralhochdrucktyp:
Unter Einfluss eines Hochdruckgebietes bilden sich, durch Absinkvorgänge in der Höhe, meist tief gelegene Inversionsschichten. Dadurch können sich allenfalls vereinzelte Schönwetterwolken bilden. Im Herbst und Winter entwickelt sich in den Niederungen häufig eine stabile Hochnebeldecke. Ebenfalls kommt es verstärkt durch den nur schwachen Wind zu einer starken Schadstoffanreicherung in der Troposphäre (Smog). Die Niederschlagswahrscheinlichkeit geht gegen Null.

- Zentraltiefdrucktyp:

  Befindet sich ein Tiefdruckgebiet über Deutschland, so herrscht in seinem Kern windschwaches Wetter, während in den Randbereichen Luftbewegungen gegen den Uhrzeigersinn um das Zentrum herrschen. Es kommt zu starken Aufgleitvorgängen, die, bei gleichzeitig unternormalen Temperaturen, zu verstärkter Bewölkung und lang anhaltenden Niederschlägen führen. Im Winter fällt vornehmlich Schnee, im Sommer kommt es teils zu Gewittern.

Tab. 1: Häufigkeiten der Großwetterlagen nach Jahreszeiten

	Dez.-Feb.	Mrz.-Mai	Jun.-Aug.	Sep.-Nov.	Jahr
Westlagen	29,0	21,9	31,4	27,5	27,5
Nordwestlagen	7,9	7,4	13,9	7,5	9,2
Nordlagen	11,9	20,1	18,0	14,9	16,2
Südwestlagen	4,7	1,9	0,8	3,8	2,8
Südlagen	7,8	7,2	6,3	9,6	7,7
Ostlagen	17,1	22,7	10,7	13,5	16,0
Hoch Mitteleuropa	18,9	13,9	16,0	20,5	17,3
Tief Mitteleuropa	2,4	4,1	2,1	2,1	2,7
Übergänge	0,3	0,8	0,6	0,6	0,6
	100,0	100,0	100,0	100,0	100,0

Quelle: HAVLIK 1990: 237

Aus der Häufigkeitsverteilung (vgl. Tab. 1) der Großwettertypen lässt sich ableiten, dass die Witterung über Deutschland weitgehend fremdbürtig ist. Es werden an vier von fünf Tagen Luftmassen herangeführt, die andere thermische und hygrische Eigenschaften aufweisen, als Luftmassen mitteleuropäischer Prägung. Aufgrund der nur geringen Verweildauer über Deutschland verändern sich die Eigenschaften der Luftmassen nur gering. Die also vorwiegend allochthone Witterung ist mit ständiger Luftbewegung verbunden, die im reliefarmen Norddeutschen Tiefland verstärkt in Erscheinung tritt, was größere Schadstoffansammlungen verhindert. Es bleibt festzustellen, dass, wie bereits beschrieben, Strömungen aus westlichen Richtungen am häufigsten auftreten und damit das unbeständige maritime Klima Norddeutschlands verursachen (vgl. HAVLIK 1990: 234ff).

Abb. 3: Wettererscheinungen bei typischen Wetterlagen

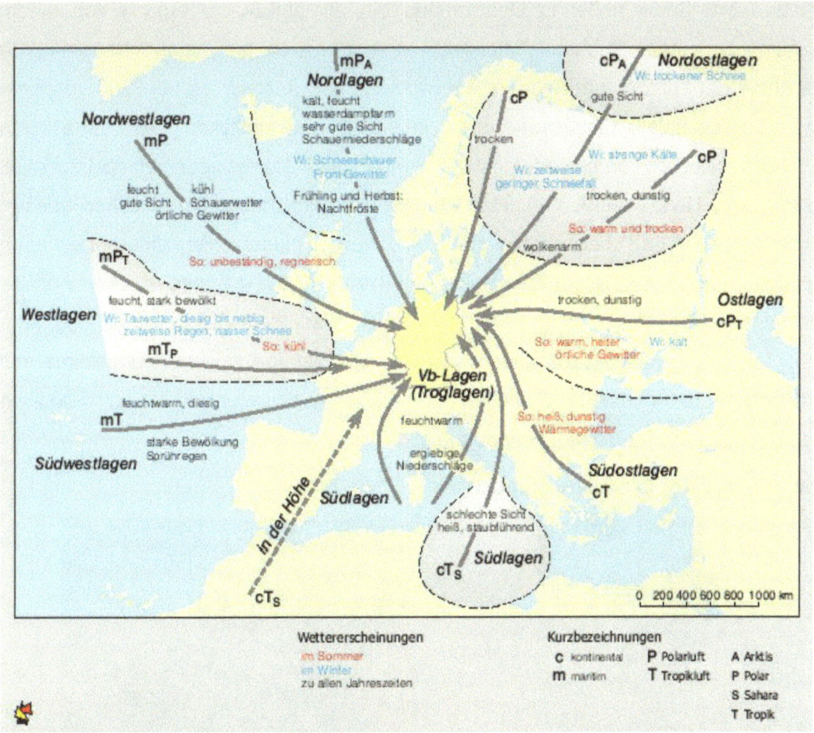

Quelle: Kappas 2003: Luftmassen über Deutschland

4 Klimatische Einteilung und Klimaausprägungen Norddeutschlands

Betrachtet man die klimatische Einteilung Norddeutschlands (vgl. Abb. 4), die sich auf die durchschnittliche Lufttemperatur-Jahresschwankung als thermoklimatisches und die Jahresniederschlagssumme als pluvioklimatisches Typisierungsmerkmal gründet, so zeigen sich deutliche Unterschiede zwischen West und Ostdeutschland (vgl. HENDL 2003: maritime und kontinentale Einflüsse). Grundlegend dabei ist die Abnahme eines maritimen bzw. die Zunahme eines kontinentalen Klimacharakters von West nach Ost. Meeresoberflächen sind im Winterhalbjahr deutlich wärmer, im Sommerhalbjahr kühler als breitengleiche Festlandsoberflächen und haben deshalb eine thermisch ausgleichende Wirkung. Mit der das Klima Deutschlands dominierenden Westwindzirkulation wird dieser atlantische Einfluss kontinenteinwärts transportiert. Somit findet in Deutschland ein allmählicher Übergang von einem Maritim- zu einem Subkontinentalklima statt, der sich am deutlichsten in einer Zunahme der Lufttemperatur-Jahresschwankung ostwärts (vgl. Hendl 2003: maritime und kontinentale Einflüsse) und in einer allmählichen Abnahme von durchschnittlicher Jahresniederschlagssumme und Jahresniederschlagshäufigkeit äußert (vgl. HENDL 2002: 19f). Der Übergang im Norddeutschen Tiefland verläuft relativ langsam und gleichmäßig, dar keine hohen niederschlagsdifferenzierenden Gebirgskörper diesen Effekt überlagern (vgl. HENDL 2003: maritime und kontinentale Einflüsse). Der Osten zeigt eine deutliche Niederschlagsbenachteiligung und allgemein höhere Jahresamplituden. Harz und Erzgebirge zeigen Gebirgsklima, mit Juli-Temperaturen unter 16 °C und Januar-Temperaturen unter 0 °C, und sind deutlich niederschlagsreicher als die Tieflandgebiete.

Abb. 4: Klimatische Gliederung Deutschlands

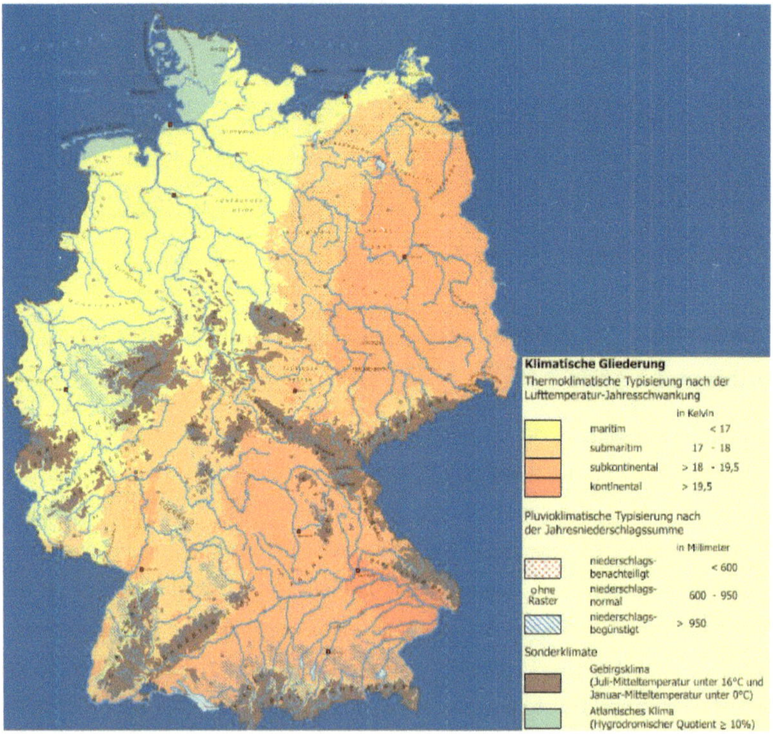

Quelle: Hendl 2003: maritime und kontinentale Einflüsse

Betrachtet man die Verteilung der Jahresniederschläge (vgl. Abb. 5) so ist festzustellen, dass Höhenzüge wie der Harz oder der Teutoburger Wald hohe Niederschläge, die Beckenlagen wie z.B. die Leipziger Tieflandsbucht dagegen niedrige verzeichnen. Dies ist die logische Konsequenz des zyklonalen Niederschlagstyps, wie er in Deutschland vorherrscht. Mit 600-800 mm pro Jahr mittelmäßig beregnet sind das Norddeutsche Tiefland, Mecklenburg und Schleswig-Holstein. Vorpommern und Brandenburg sind mit 500 bzw. 600 mm bereits deutlich trockener. Die trockensten Gebiete Deutschlands empfangen im Mittel weniger als 500mm im Jahr und liegen an der unteren Oder, in der Magdeburger Börde und um nördlichen Thüringer Becken. Grund für diese Erscheinung ist, dass das Aufgleiten an zykloninternen Fronten, welches mit Abstand der wichtigste niederschlagswirksame Vorgang über Deutschland ist, eine staubedingte Verstärkung in den westexponierten Gebirgssektoren und eine Abschwächung durch Absinkvorgänge in den ostexponierten Gebirgssektoren erfährt (vgl. HENDL 2002: 80). So wirft der Harz einen "Regenschatten" auf die Leipziger Tieflandsbucht und den nördlichen Teil des Thüringer Beckens. Da zyklonale West- und Südwestwetterlagen im Spätherbst und Frühwinter besonders häufig sind, treten die Luv- und Lee- Gebiete sehr deutlich hervor (vgl. KLEIN 2003b: Einführung 2).

Abb. 5: Mittlere Niederschlagsverteilung

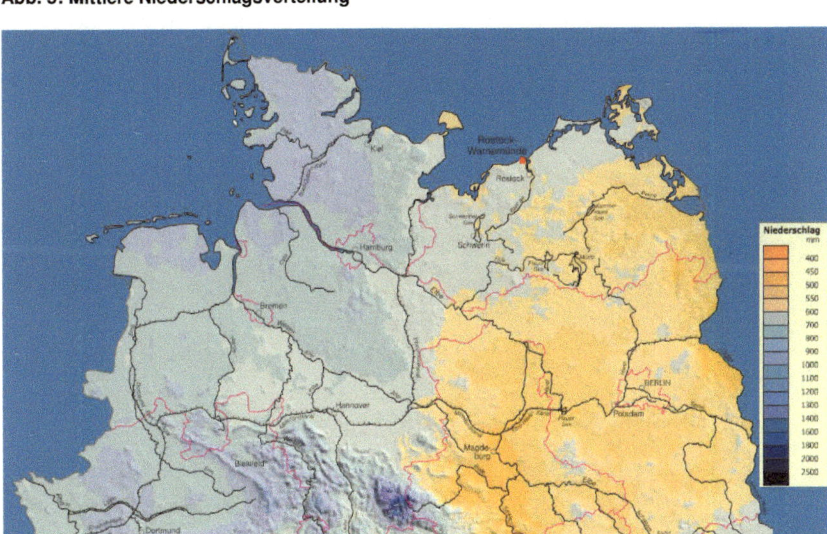

Quelle: Klein 2003: Regionale Verteilung

Unterschiede zeigen sich auch in der Anzahl der Sonnenstunden. (vgl. Abb. 6) Nachdem die Nordseeinseln zumeist eine Sonnenscheindauer von etwa 1600-1700 h/a aufweisen, sinkt die Zahl der Sonnenstunden auf dem Festland zunächst rapide ab, was mit der steigenden Reibung und der Bewölkungsförderung der Küste zusammenhängt. Auffallend ist ein deutlich benachteiligtes Gebiet südlich von Hamburg, das durch die Wirkung des 169m hohen Wilseder Berges entsteht und zwei noch stärker benachteiligte Gebiete südlich und westlich von Bremen, die durch die bewölkungsfördernde Wirkung des Teutoburger Waldes und seinen Ausläufern entstehen. Die verstärkte Wolkenbildung resultiert hier daraus, dass dies die ersten Erhebungen sind, die von atlantischen Luftmassen überströmt werden müssen. Daher entfalten diese niedrigen Erhebungen eine nicht zu verachtende Klimawirksamkeit. Das allgemein im Westen niedrigere Werte erreicht werden, liegt an den feuchteren Meeresluftmassen die zu stärkerer Bewölkung neigen (vgl. ENDLICHER 2003:Jahreszeiten).

Abb. 6 Sonennscheindauer in Deutschland

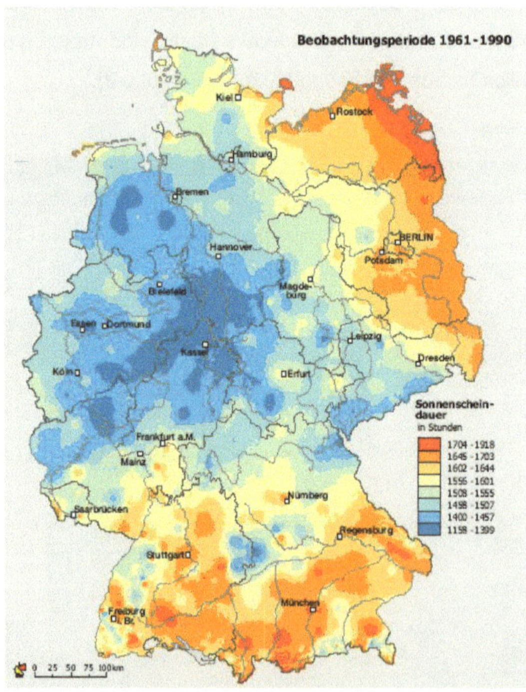

Quelle: ENDLICHER 2003: Jahreszeiten

Der sich deutlich zeigende Gunstraum über der Kieler Förde, Mecklenburg und Vorpommern bis zu den Inseln Rügen und Usedom sowie Ostbrandenburg resultiert aus der nach Osten im Mittel immer geringer werdenden Bewölkung (ENDLICHER 2003:Jahreszeiten). Ursache für die hohe Anzahl der Sonnenstunden auf Rügen und Fehmarn ist die in den Sommermonaten kühle Ostsee, die eine stabile Schichtung der Atmosphäre bewirkt. Die Wolkenbildung ist daher deutlich geringer als über den die Luftmassen bremsenden und daher zur Wolkenbildung anregenden Küsten (vgl. ANHUF 2003: Sonnenscheindauer). Die Anzahl der Sommertage, also Tage mit einer maximalen Tagestemperatur von 25 °C oder mehr, zeigt eine andere Verteilung (vgl. Abb. 7). Große Teile der küstenfernen östlichen Regionen weisen eine etwa dreimal höhere Anzahl an Sommertagen auf als die küstennahen Bereiche Norddeutschlands. Dort wirken sich die nur gering erwärmten auflandigen maritimen Luftmassen negativ auf den Wärmehaushalt aus. Zusätzlich sorgen Tiefdrucklagen für einen höheren Bewölkungsgrad und für stärkeren Wind. Im Osten macht sich dagegen der Einfluss von über dem Kontinent erwärmten Luftmassen bemerkbar (vgl. ALEXANDER 2003: Sommertage). Die Anzahl der Frosttage steigt im Allgemeinen mit zunehmendem Abstand zum Atlantik und somit mit steigendem Kontinentalitätsgrad. Auffallend ist die höhere Zahl der Frosttage im Gebiet der Lüneburger Heide, im Bereich des Herpter Berges, östlich von Neubrandenburg und des Bungsberges, nördlich von Lübeck, des Harzes und des Erzgebirges. Bei letzteren ist die steigende Zahl der Frosttage durch die Höhenlage bedingt. Einen Sonderfall stellt die Lüneburger Heide dar. Trotz einer nur geringen Höhenlage werden hier Werte ähnlich denen von Augsburg in ungefähr 450m ü.NN erreicht. Dieser Unterschied zum Umland ergibt sich aus den besonderen Eigenschaften des Bodens in der Lüneburger Heide. Der hier extrem sandige Boden hat die Eigenschaft nur schlecht Wärme in die Tiefe leiten zu können. Daher heizt sich der Boden an der direkten Oberfläche hier tagsüber stark auf, jedoch wird keine Wärme in tiefere Schichten transferiert. In der Nacht, bei negativer Strahlungsbilanz, kann so kein großer Bodenwärmestrom aus dem Boden in die Atmosphäre entstehen, was zu einer stärkeren Abkühlung der unteren Luftschichten führt (vgl. HAVLIK 1990: 253).

Abb. 7: Sommertage über Norddeutschland

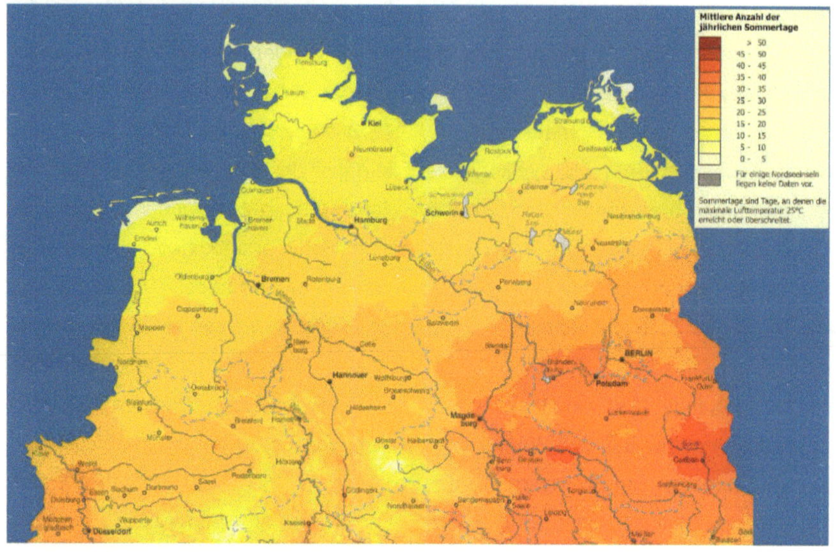

Quelle: Alexander 2003: Sommertage

4.1   Der Küstenstreifen

Im Bereich der Küste zeigt sich ein Gebiet erhöhten Niederschlages (vgl. Abb. 5). Diese Erscheinung (vgl. Abb. 8; Abb. 9; Tab. 2) fiel bereits Hellmann (1904) auf und wurde von ihm mit der Abbremsung auflandiger Strömungen beim Übertritt von der reibungsärmeren Meeresoberfläche auf das rauere Festland begründet. Infolge der Bodenreibung strömt pro Zeiteinheit mehr Luft vom Ozean in das Küstentiefland, als aus diesem Landeinwärts abgeführt werden kann. Das Resultat ist die so genannte Küstenkonvergenz mit aufwärts gerichteter Ausweichbewegung im Küstenhinterland. Dies kann Konvektionsvorgänge bis zur Niederschlagswirksamkeit fördern und Frontalniederschlag verstärken (vgl. HENDL 2002: 62f). So zeigt sich das Küstengebiet als besonders niederschlagsreich und mit einer geringen Temperaturamplitude. Die im Winter warmen atlantischen Luftmassen bewirken, dass die Küstentieflandsbereiche sich durch eine deutlich geringere Frostanfälligkeit gegenüber den Binnentieflandsbereichen auszeichnen (vgl. HENDL 2002: 53).

Abb. 8: Klimadiagramm St. Peter-Ording   **Abb. 9: Klimadiagramm Bremen**

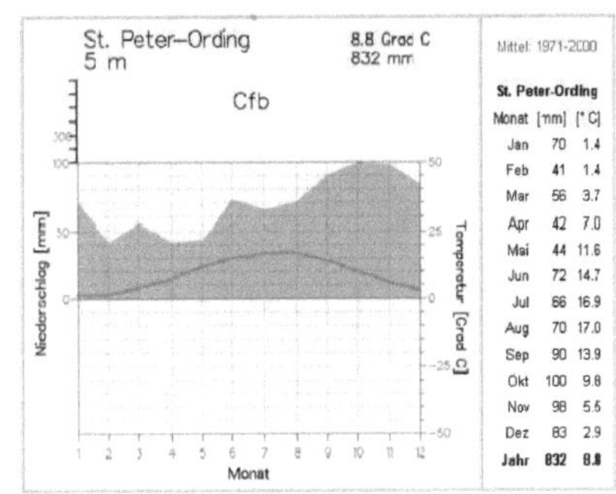

Quelle: www.klimadiagramme.de

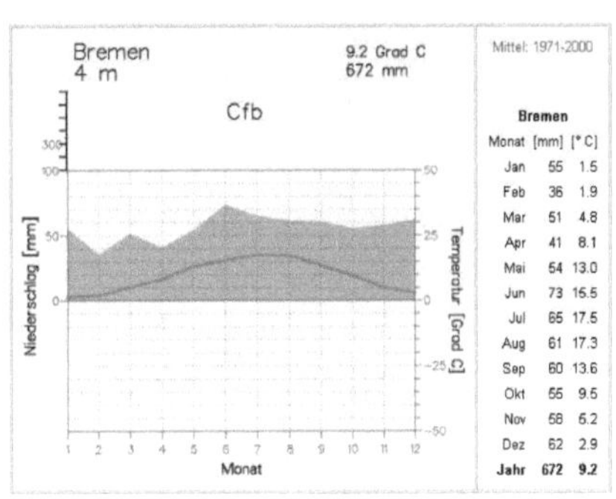

Quelle: www.klimadiagramme.de

Tab. 2: Niederschlagsverteilung im Küstenbereich

Station	Zonale Küsten-distanz [km]	Niederschlagssummen				
		Winter	Frühjahr	Sommer	Herbst	Jahr
Küstenvorraum Helgoland	59	156	122	186	247	711
Küstentiefland St. Peter-Ording	1	167	125	210	253	755
Helse	7	178	150	261	252	841
Heide	18	192	156	257	270	875

Quelle: Hendl 2002: 61

Betrachtet man die Klimadiagramme St. Peter Ording (vgl. Abb. 8), so fällt auf, dass das Niederschlagsmaximum im Herbst liegt. Das ist bedingt durch die relative Häufigkeit der Tage mit negativer Temperaturdifferenz (Oberflächenwasser wärmer als Luft) in dieser Jahreszeit; dadurch kann hier eine Verspätung des atmosphärischen Labilitätsmaximums im Vergleich zum Binnentiefland bewirkt und die Auslösung oder Verstärkung von Vertikalbewegungen begünstigt werden. Während des Frühjahres herrschen in der Mehrzahl der Fälle gegenteilige Verhältnisse (vgl. HENDL 2002: 62).

4.2   *Klimavariation innerhalb des Norddeutschen Tieflandes*

Um die Ausprägung der Klimaelemente im Gebiet Norddeutschlands zu verdeutlichen ist es hilfreich Klimadiagramme ausgewählter Stationen zu betrachten (vgl. Abb. 10;11;12;13;14).

Abb. 10: Klimadiagramm Nordhorn

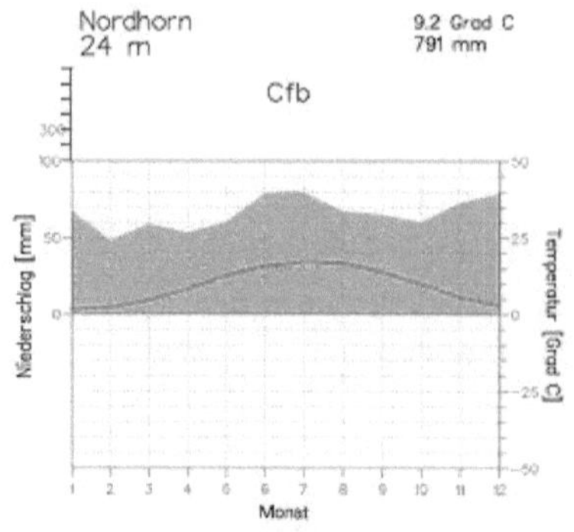

Quelle: www.klimadiagramme.de

Abb. 11: Klimadiagramm Rahden-Varl

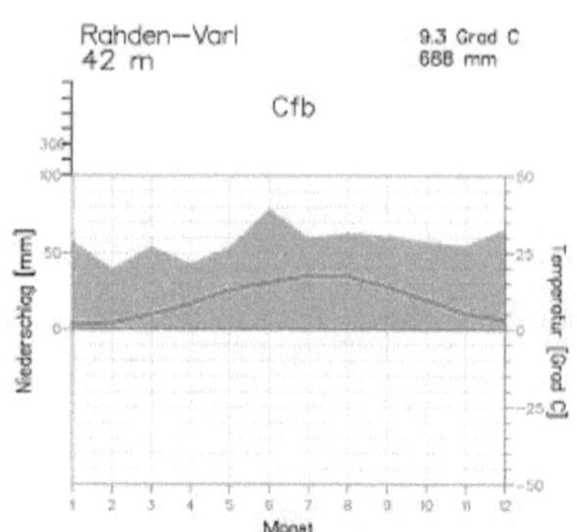

Quelle: www.klimadiagramme.de

Abb. 12: Klimadiagramm Hannover-Langenhagen

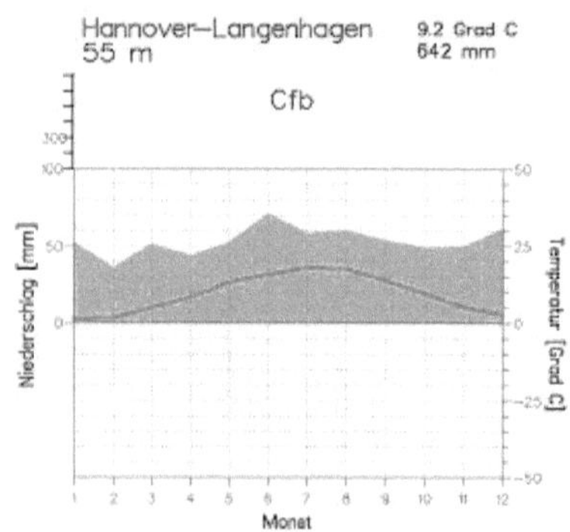

Quelle: www.klimadiagramme.de

Abb. 13: Klimadiagramm Berlin-Dahlem

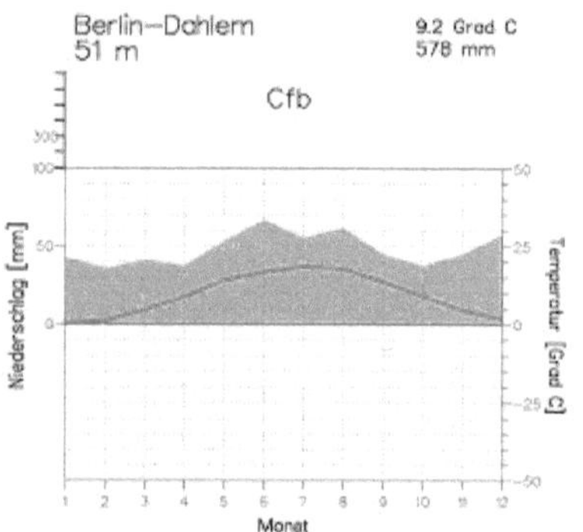

Quelle: www.klimadiagramme.de

Abb. 14: Klimadiagramm Manschnow

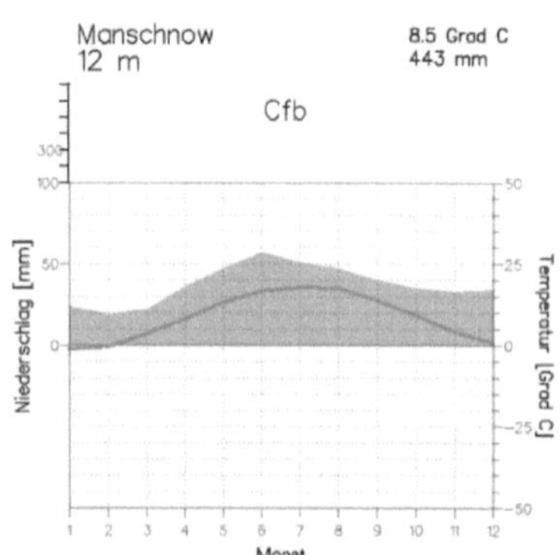

Quelle: www.klimadiagramme.de

Sieht man von modifizierenden Reliefeinflüssen ab, ist in der räumlichen Verteilung eine allgemeine Abnahme der Niederschlagsmengen mit zunehmender Atlantikdistanz nicht zu übersehen. Während für das westliche Binnenland weiträumig Jahresniederschlagssummen vom 700-800 mm konstatiert werden, liegen diese im östlichen Binnenland bei nur 550-600mm (vgl. HENDL 2002: 58). Bemerkenswert ist die Verteilung der Niederschläge im Jahresverlauf. Die zonale Abnahme der Niederschlagssummen ist im Winter erheblich stärker als im Sommer. (vgl. Tab. 3)

Tab. 3: Vergleich der Niederschlagssummen und –Mengen von Potsdam und Löningen

Station	Jan.	Febr.	März	Apr.	Mai	Juni	Juli	Aug.	Sept.	Okt.	Nov.	Dez.	Jahr	Winter	Frühjahr	Sommer	Herbst
Niederschlagssummen [mm]																	
Löningen	66	49	50	52	65	75	89	85	62	59	70	76	799	191	167	249	191
Potsdam	42	35	34	45	55	70	63	66	49	41	45	50	595	127	134	199	135
Niederschlagstage ≥1,0 mm																	
Löningen	13	10	11	11	10	11	12	12	11	11	13	13	136	36	32	35	35
Potsdam	10	8	8	9	9	10	10	9	8	8	9	10	109	28	26	29	25

Quelle: Hendl 2002: 54f

Die kontinentale Binnenlandstation Potsdam empfängt im Winter durchschnittlich nur 66% des Niederschlags der Vergleichstation Löningen bei Cloppenburg, im Sommer hingegen immerhin knapp 80%. Ursache ist die größere Gewitterhäufigkeit über dem östlichen Binnentiefland (vgl. Tab. 4), die wegen ihrer zeitlichen Konzentration auf den Sommer eine Verringerung der zonalen Niederschlagsunterschiede bewirkt. (vgl. HENDL 2002: 59) Das schwache Relief Norddeutschlands macht sich in der Niederschlagsverteilung vor allem bemerkbar (vgl. HENDL 2002: 48). Über dem Norddeutschen Tiefland regnen die Luftmassen zunehmend ab und werden trockener, so dass es im Osten zu einer Niederschlagkonzentration in den Luvlagen kommt (vgl. Abb. 5).

Tab. 4: Gewitterstunden in Norddeutschland

Station	Jan.	Febr.	März	Apr.	Mai	Juni	Juli	Aug.	Sept.	Okt.	Nov.	Dez.	Jahr
Warne-münde	–	–	–	0,8	2,2	6,4	6,4	6,1	2,2	0,4	–	–	24,5
Bremen[1]	0,2	0,7	1,1	2,7	10,0	15,7	17,7	16,2	5,3	2,1	1,2	0,5	73,4
Berlin-Schönefeld	0,1	0,2	0,1	2,6	11,7	22,2	23,1	20,1	6,1	0,3	0,4	–	86,9

[1] Bezugszeitraum 1951–1970

Quelle: Hendl 2002: 42

Im Temperaturverlauf fällt auf, dass mit steigendem Abstand zum Meer die Januartemperaturen sinken und gleichzeitig die Julitemperaturen steigen. Es darf gefolgert werden, dass es die thermische Veränderung der einfließenden winterwarmen und sommerkühlen Luftströmungen ozeanischer Herkunft durch den andersartigen Wärmehaushalt der Festlandsoberfläche ist, die sich beim Vordringen kontinenteinwärts in den Wintermonaten in allmählicher Abkühlung und in den Sommermonaten in fortschreitender Erwärmung der unteren Strömungsschichten äußert (vgl. HENDL 2002: 49).

In Bremen zeigt sich das charakteristische Bild für einen überwiegend maritim beeinflussten Ort in mittleren Breiten (vgl. Abb. 15). Es zeigt sich eine etwa vier- bis sechswöchige Verzögerung der Temperaturextreme gegenüber dem Strahlungsgang. Dies tritt ein, weil die Erwärmung der Luft nicht direkt über die solare Einstrahlung, sondern hauptsächlich über die Erdoberfläche erfolgt. Diese indirekte thermische Beeinflussung zeigt auch Auswirkungen auf den Tagesgang. Bei ungestörten Verhältnissen wird das Temperaturminimum erst etwa eine Stunde nach Sonnenaufgang erreicht, das Maximum 1-2 Stunden nach Sonnenhöchststand" (BÄTJER 1983: 11). Die langjährig überwiegend positiven mittleren Lufttemperaturen im Januar und Februar sind den von Golfstrom erwärmten Luftmassen zu verdanken (vgl. BÄTJER 1983: 10). Diese Beobachtungen für Bremen lassen sich auf die gesamte Küstenregion übertragen. In Berlin zeigt sich ein anderes Bild. Die tiefste Tagestemperatur wird hier kurz vor Sonnenaufgang, das Maximum nur kurz nach dem Sonnenhöchststand erreicht. Die Tages- und die Jahresamplitude sind im Vergleich zu Bremen stärker ausgeprägt und die Temperaturen fallen im Herbst rascher, da die ausgleichende Wirkung der maritimen Luftmassen hier geringer ist.

Abb. 15: Thermoistplethendiagramm Bremen

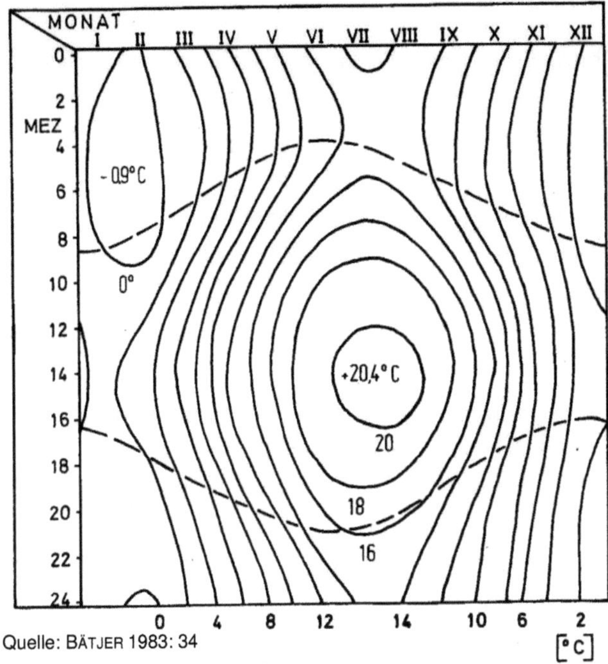

Quelle: BÄTJER 1983: 34

Abb. 16: Thermoistplethendiagramm Berlin

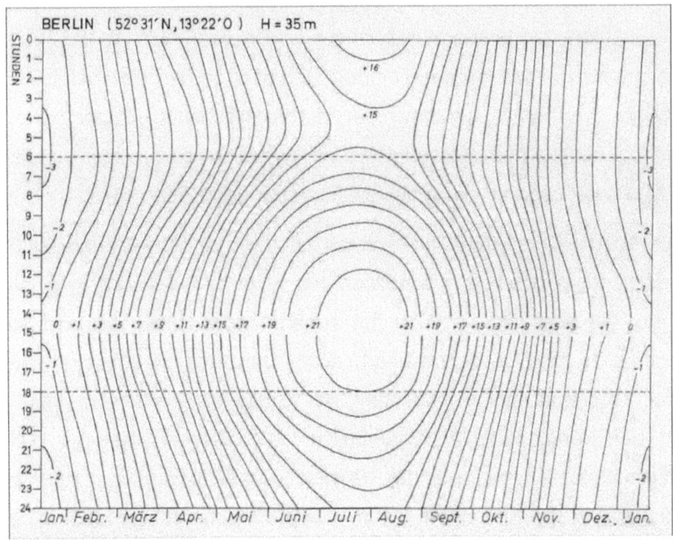

Quelle: BLÜTHGEN 1980

4.3 Das Klima der Mittelgebirgsschwelle mit Fokus auf Harz und Erzgebirge

"Ausschlaggebend für die klimatischen Verhältnisse im Bereich der deutschen Mittelgebirgsschwelle ist der Einfluss des Reliefs, der sich bereits in den Temperaturverhältnissen deutlich zu erkennen gibt. Insbesondere die Höhenlage über dem Meeresniveau wirkt sich nachhaltig auf die räumliche Verteilung der Lufttemperatur aus. Im Jahresmittel ist mit einer Temperaturabnahme von knapp 0,60 K je 100 m Höhenzunahme zu rechnen" (HENDL 2002: 72). Die längere Wirkungsdauer der strahlungsreflektierenden Schneedecken, im Vergleich zum Tiefland, macht sich durch eine langsamere Zunahme der Temperaturen im Frühjahr bemerkbar. Im Herbst kommt es zu einem verlangsamten Temperaturabfall, da der Großwettertyp Hochdruck über Europa in dieser Jahreszeit besonders häufig ist und die Mittelgebirgskörper oft in den Einflussbereich dynamisch erwärmter abgesunkener Höhenluft geraten (vgl. HENDL 2002: 76). Gegenüber der bedeutenden vertikalen Temperaturänderung sind die großräumigen Unterschiede der Lufttemperatur innerhalb einer gleichen Höhenstufe vergleichsweise gering. Die mittlere Temperaturdifferenz über die gesamte Zonalerstreckung der deutschen Mittelgebirgsschwelle hinweg beschränkt sich bei vergleichbarer Stationshöhe und vergleichbarer Geländesituation auch während Winter und Sommer auf Beträge, die einer Lufttemperaturänderung von nur ein bis zwei Hektometer Höhenunterschied entsprechen. Die mittlere Lufttemperaturabnahme kontinenteinwärts ist im Winter dabei nur wenig größer als der mittlere Temperaturanstieg in gleicher Richtung im Sommer, insgesamt wird eine Zunahme der durchschnittlichen Lufttemperatur-Jahresschwankung zwischen dem westlichen Rheinischen Schiefergebirge und dem Erzgebirge um 15% des Ausgangsbetrages bewirkt (vgl. HENDL 2002: 76).

Beeindruckender als die Temperaturschwankung ist die räumliche Verteilung der Niederschläge. Besonders deutlich ausgebildet und allgemein realisiert zeigt sich eine Zunahme der Niederschlagssummen mit zunehmender Höhe. Als universell gültige, wenn auch nicht allein stehende Begründung, lässt sich die höhenkonforme Verringerung der Tropfenfallstrecke zwischen der Basis niederschlagswirksamer Bewölkung und der Hangauffangfläche anführen. Auf dieser Fallstrecke durch wasserdampfungesättigten Luftraum finden Rückverdunstungsvorgänge statt, die das Tropfenvolumen stetig verringern. Das Tropfenvolumen, und somit die Ergiebigkeit des Niederschlages, wird also mit zunehmendem Abstand zur

Wolkenunterkante immer geringer (vgl. HENDL 2002:79). Ferner kommt es an den dem Atlantik zugekehrten Bereichen der Mittelgebirge zu einer Verstärkung der Niederschläge gegenüber niveaugleichen, aber vom Atlantik abgewandten, Gebirgsflanken und deren Vorländern. Da die Zugbahnen der atlantischen Zyklone überwiegend zonal verlaufen, müssen Aufgleitvorgänge an den zykloneninternen Fronten eine staubedingte Verstärkung an den westexponierten Sektoren und eine Abschwächung durch Absinkvorgänge in den ostexponierten Sektoren erfahren (vgl. HENDL 2002: 79f). So wirft der Harz einen "Regenschatten" auf das nördliche Thüringer Becken und die Leipziger Tieflandsbucht, welches in der Folge zu den trockensten Gebieten Deutschlands zählt (vgl. KLEIN 2003:Regionale Verteilung). Schließlich ist auch zwischen positionsähnlichen Gebirgssektoren eine Abnahme der Niederschläge mit zunehmender Zonaldistanz zum Atlantik festzustellen. Die Erzgebirgs-Gipfelstation auf dem Fichtelberg empfängt, trotz erheblich größerer Höhenlage, um 23% geringere Jahresniederschläge als die Gipfelstation auf dem Kahlen Asten in Rheinischen Schiefergebirge (vgl. HENDL 2002: 81).

Eine gewisse Ausnahme macht trotz seiner östlichen Lage der Harz. Infolge der weit gegen das Norddeutsche Tiefland vorgeschobenen Position entfaltet sich hier die Kulissenwirkung anderer Mittelgebirgskörper nicht. Das bedeutet, dass hier keine atlantiknäheren Gebirgszüge niederschlagswirksam werden (vgl. HENDL 2002: 82f). So können aus Nordwesten vorstoßende Luftmassen relativ ungestört über das Norddeutsche Tiefland ziehen, bis sie auf den Harz als erste orographische Erhebung treffen (vgl. SCHNEIDER 2003: Einführung). Dies erklärt, warum der Brocken im Harz so niederschlags- und schneereich gegenüber vielen anderen höhergelegenen Mittelgebirgsstationen ist.

Bereits Hellmann (1887) fand in den oberen Partien der deutschen Mittelgebirge eine Jahresdoppelwelle der durchschnittlichen Niederschlagssummen ausgebildet, mit dem Hauptmaximum im Winter und einem Nebenmaximum im Sommer. (vgl. Abb. 17)

Abb. 17: Klimadiagramm Brocken

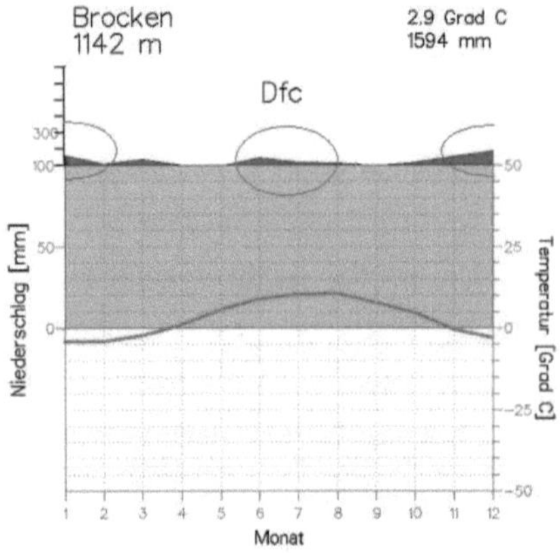

Quelle: nach: www.klimadiagramme.de

Diese findet sich im Oberharz ausgebildet jedoch nicht mehr im Erzgebirge, dort ist aber die Tendenz zur Ausbildung einer Doppelwelle mit zunehmender Höhe zu erkennen. Zur Klärung dieses Phänomens wies Hellmann 1897 darauf hin, dass bei relieferzwungenem Aufstieg der Wasserdampfsättigungspunkt wasserdampfreicher Luft im Winter besonderes rasch erreicht wird. Damman ging 1936 davon aus, dass sich der Stau eines Gebirgskörpers umso stärker in der Niederschlagsumme auswirken muss und dass der Bereich bedeutenden Niederschlages umso mehr auf dem Luv - seitigen Gebirgshang konzentriert sein wird, je tiefer das Kondensationsniveau unterhalb des Gebirgskamms liegt. Diese Annahme ist wahrscheinlich, weil sich bei tief liegendem Kondensationsniveau der niederschlagwirksame Hebungsweg nach unten verlängert und der Ausfall der Kondensationsprodukte auf die Luv -Seite konzentriert. Bei hohem Kondensationsniveau oberhalb der Kammlagen ist mit starker Abdrift der gebildeten Niederschlagselemente und auch mit stärkerer Tropfenrückverdampfung vor Erreichen des Bodens zu rechnen. Die Vorraussetzungen für ein tief liegendes Kondensationniveau werden am besten im Winter erreicht, wenn wegen seiner Temperaturabhängigkeit der Sättigungsdampfdruck seine niedrigsten Werte erreicht, was die geringsten Hebungswege bis zum Erreichen des Kondensationsniveaus bedeutet (vgl. HENDL 2002 86f). Dadurch, dass das Erzgebirge der Kulissenwirkung des Harzes unterliegt, der das Kondensationsniveau in seinem Regenschattengebiet deutlich anhebt, zeigt sich hier keine Doppelwelle mehr.

Flohn erklärte das Wintermaximum der Niederschläge 1939 mit einer erhöhten Transportgeschwindigkeit bei atlantischen Niederschlagswetterlagen während des Winters. Dieser Umstand muss sich in einer verstärkten Stauwirkung der Gebirge während der kalten Jahreszeit äußern, da dann bei Strömungen atlantischer Herkunft eine durchschnittlich größere Luftmenge den Höhenzug pro Zeiteinheit überströmen muss (vgl. HENDL 2002: 89f).

Das Erscheinen des zweiten Sommermaximums liegt am gehäuften Auftreten des weitgehend reliefunabhängigen Konvektionsniederschlages, dieser Effekt lässt auch die Kulissenwirkung der Gebirgskörper im Sommer geringer erscheinen (vgl. HENDL 2002: 90).

5 Zusammenfassung

Das Klima Norddeutschlands wird von der außertropischen Westwindzone beeinflusst. Da Deutschland im Westen des Kontinents liegt und nicht durch Gebirge vom Meer abgeschirmt ist, ergibt sich für Deutschland ein maritimer Klimacharakter. Die Bedeutung des Golfstroms zeigt sich in der einzigartigen Klimagunst Europas. Während hier sommergrüner Laub- und Mischwald vorherrscht, herrscht auf anderen breitengleichen Gebieten bereits Borealer Nadelwald vor.
Deutschland gehört zur Zone des Übergangsklimas, in welchem es zu einer nach Osten hin graduell steigenden Kontinentalität kommt. (vgl. www.m-forkel.de).
Die für Deutschland typische Wetterunbeständigkeit ist an das häufige Durchziehen von Zyklonen gebunden. An Warm- und Kaltfronten kommt es zu starker Bewölkung und Niederschlägen. Vor dem Durchzug des nächsten Zyklonen wird die Witterung durch Zwischenhochs beeinflusst. Allgemein ist festzuhalten, dass an vier von fünf Tagen Luftmassen mit anderen thermischen und hygrischen Eigenschaften herangeführt werden, deren Prägung je nach Ursprungsgebiet variiert (vgl. HAVLIK 1990: 234ff).
Der von West nach Ost steigende Kontinentalitätsgrad äußert sich in steigenden Jahres- und Tagesamplituden, im sinkenden Niederschlagsziffern und steigender Frostanfälligkeit. Einen Sonderfall in Bezug auf die Frostanfälligkeit stellt wegen der schlechten thermischen Eigenschaften der dortigen Böden die Lüneburger Heide dar. Mit zunehmendem Abstand zum Meer ändert sich der Jahresgang des

Niederschlags. In küstennahen Gebieten zeigt sich ein stark ausgeprägtes Maximum im Herbst, das wegen der dann gehäuft auftretenden und die Labilität in der Atmosphäre fördernden, negativen Temperaturdifferenz (Oberflächenwasser wärmer als Luft) auftritt (vgl. Hendl 2002: 62). Mit steigendem Abstand zum Meer liegt das Niederschlagsmaximum im Sommer. Dies ist bedingt durch das häufigere Auftreten von Gewittern. Im Bereich der Mittelgebirgsschwelle entsteht neben einer allgemeinen Zunahme der Niederschläge mit der Höhenlage und einer starken Differenzierung von Luv- und Leelagen eine Doppelwelle im Niederschlagsverlauf. Das Wintermaximum ist durch die im Winter häufigere Passage von Fronten und das geringere Kondensationsniveau begründet, während das Sommermaximum aus Gewittern resultiert.

Abschließend bleibt festzuhalten, dass in Norddeutschland ein für Landwirtschaft und Mensch günstiges humides Klima vorherrscht.

6 Literaturverzeichnis

BÄTJER, D. & H.-J. HEINEMANN(1983): Das Klima ausgewählter Orte der Bundesrepublik Deutschland Bremen. In: Deutscher Wetterdienst (Hrsg.): Berichte des Deuschen Wetterdienstes, Bd. 164.Offenbach am Main.

BLÜTHGEN, J. & W. WEISCHET (1980): Allgemeine Klimageographie. Berlin.

CAPPEL, A., & M. KALB(1976): Das Klima ausgewählter Orte der Bundesrepublick Deutschland: Hamburg. Offenbach.

DAMMAN,W. (1936): Über den Gang der Niederschläge im Harz. o.O.

EINSLE, E (1967): Der mittlere Tagesgang der Gewitterhäufigkeit in Warnemünde im Vergleich zu Berlin-Schönefeld und Görlitz. Zeitschr. f. Meterol. 19:30-33.

ERIKSEN, W. (1971): Die häufigkeit meterologischer Fronten über Europa und ihre Bedeutung für die Klimatische Gliederung des Kontinents. Erdkunde, 25: 163-178

FLOHN, H.(1942): Witterung und Klima in Deutschland.Leipzig. In: Deutsche Geographische Gesellschaft (Hrsg.): Forschungen zur Deutschen Landeskunde. Bd. 41.Leipzig.

FOJT W. (1974): Die Schneedecke im Erzgebirge. In: Abhandlungen der Meterologischen Dienstes der Deutschen Demokratischen Republik. Bd. 111. Berlin.

HARKE H., ET AL (1985): Lehrbuch der Physischen Geographie. Frankfurt am Main.

HAVLIK, D. (1990): Klima o.O In: Tietze, W., K.-A BOESLER., H.-J. KLINK & G. VOPPEL (Hrsg): Geographie Deutschlands. Bochum, Bonn, Helmstedt, Köln.

HENDL, M. (1966): Grundriss einer Klimakunde der Deutschen Landschaften. Leipzig.

HENDL, M. (^{3}2002): Klima. Berlin. In: Liedtke, H. und J. Marcinek (Hsrg.): Physische Geographie Deutschlands. Gotha & Stuttgart.

HEYER, E. (1962): Das Klima des Landes Brandenburg. In: Abhandlungen der Meterologischen Dienstes der Deutschen Demokratischen Republik. Bd. 64. Berlin.

HOFFMEISTER, J & F. SCHNELLE (1945): Klima-Atlas von Niedersachsen. Hannover.

LEUSCHNER C.& F. SCHIPKA(2004): Klimawandel und Naturschutz in Deutschland. Göttingen.

PLEISS, H. (1951): Die Windverhältnisse in Sachsen. Berlin. In: Abhandlungen der Meterologischen Dienstes der Deutschen Demokratischen Republik. Band 6. Berlin.

ROCZNIK, K. (^{2}1986): Wetter und Klima in Deutschland. Regensburg.

STRÄßLER, M. (1993): Klimadiagramme und Klimadaten. Dortmund.

ULBRICHT-EISSING, J.-C. UND M. UBRICHT-EISSING (^{2}1989): Die bodennahen Windverhältnisse in der Bundesrepublik Deutschland. In: Deutscher Wetterdienst (Hrsg.): Berichte des Deutschen Wetterdienstes, Bd. 147. Offenbach am Main.

Digitale Quellen:

ALEXANDER, J. (2003): Heißeste und kälteste Gebiete. In: Lentz, S., et al(Hrsg.)(2003): Klima, Pfanzen und Tierwelt. In: Institut für Länderkunde: Nationalatlas der Bundesrepublik Deutschland. Leipzig

ANHUF, D., ET AL(2003): Das Solare Klima In: Lentz, S., et al(Hrsg.)(2003): Klima, Pfanzen und Tierwelt. In: Institut für Länderkunde: Nationalatlas der Bundesrepublik Deutschland. Leipzig.

BISSOLLI, P., ET AL (2003): Wetterlagen und Klimadiagnose. In: Lentz, S., et al(Hrsg.)(2003): Klima, Pfanzen und Tierwelt. In: Institut für Länderkunde: Nationalatlas der Bundesrepublik Deutschland. Leipzig

ENDLICHER, W. & V. VENT-SCHMIDT (2003): Wo die Sonne am längsten scheint. In: Lentz, S., et al(Hrsg.)(2003): Klima, Pfanzen und Tierwelt. In: Institut für Länderkunde: Nationalatlas der Bundesrepublik Deutschland. Leipzig

HANEWINKEL, C. (2003): Tag und Nacht. In: Lentz, S., et al(Hrsg.)(2003): Klima, Pfanzen und Tierwelt. In: Institut für Länderkunde: Nationalatlas der Bundesrepublik Deutschland. Leipzig.

HENDL, M. & W. ENDLICHER(2003): Klimaspektrum. In: Lentz, S., et al(Hrsg.)(2003): Klima, Pfanzen und Tierwelt. In: Institut für Länderkunde: Nationalatlas der Bundesrepublik Deutschland. Leipzig.

KLEIN, D. & G. MENZ (2003): Wohin der Regen fällt. In: Lentz, S., et al(Hrsg.)(2003): Klima, Pfanzen und Tierwelt. In: Institut für Länderkunde: Nationalatlas der Bundesrepublik Deutschland. Leipzig.

KLEIN, D. & G. MENZ (2003b): Niederschlag im Jahresverlauf. In: Lentz, S., et al(Hrsg.)(2003): Klima, Pfanzen und Tierwelt. In: Institut für Länderkunde: Nationalatlas der Bundesrepublik Deutschland. Leipzig.

SCHNEIDER, C. & J. SCHÖNBEIN (2003): Die Schneedecke. In: Lentz, S., et al(Hrsg.)(2003): Klima, Pfanzen und Tierwelt. In: Institut für Länderkunde: Nationalatlas der Bundesrepublik Deutschland. Leipzig.

Internetquellen

Forkel, M. (2007): Das Klima der Erde. Internet: www.m-forkel.de (12.5.2007)

Mühr, B. (2006): Klimadiagramme weltweit. Internet: www.klimadiagramme.de (12.5.2007)